跟气象学家

去看

云

赵树云 著

U0383878

版
武汉出版社

（鄂）新登字 08 号

图书在版编目（CIP）数据

跟气象学家去看云 / 赵树云著. — 武汉 : 武汉出版社, 2023.9
（江城科普读库）
ISBN 978-7-5582-5848-0

Ⅰ . ①跟… Ⅱ . ①赵… Ⅲ . ①云 — 普及读物 Ⅳ .①P426.5-49

中国国家版本馆CIP数据核字（2023）第054385号

著　　　者：赵树云
责任编辑：刘从康
封面设计：黄彦301工作室
出　　　版：武汉出版社
社　　　址：武汉市江岸区兴业路136号　　　　邮　　　编：430014
电　　　话：(027)85606403　　　　85600625
http://www.whcbs.com　　　E-mail: whcbszbs@163.com
印　　　刷：湖北金港彩印有限公司　　　　经　　销：新华书店
开　　　本：787 mm×1092 mm　　　1/32
印　　　张：3.25　　　字　　数：70千字
版　　　次：2023年9月第1版　　2023年9月第1次印刷
定　　　价：42.00元

Contents 目录

跟气象学家去看云

第 **1** 章

空气之海
KONGQI ZHIHAI

第1节　地球大气的成分

1972 年 12 月 7 日，阿波罗 17 号航天小组的宇航员在绕月飞行时，拍下了这张被称为 The Blue Marble（蓝色弹珠）的著名地球照片。从这张照片上我们不仅可以看到棕黄色的陆地和蓝色的海洋，更可以看到醒目的白色漩涡状云系。这张照片可以直观地告诉我们，为什么我们通常把人类生活的自然环境分为岩石圈、水圈和大气圈三个圈层。

与地球的大小相比，大气圈只是一个非常薄的圈层。约 99% 的大气聚集在距地表 30 千米以内的范围——如果地球像一个篮球大小，这个厚度还不足 0.6 毫米。但从人类的度量体系来看，这层"非常薄"的大气总重近 6000 兆吨，约等于 1/6 个印度洋海水的重量。没有它，地球上不仅不会有风起云涌、雨雪雷电，更不会有生命。

□ 1.1.1 大气的主要成分

干燥、洁净的大气是一种组成基本稳定的气体混合物，这是地球形成以后数十亿年演化的结果。

大气中含量占前三位的气体依次是氮气、氧气和氩气。其中氮气和氧气的含量之和超过大气体积的 99%。这两种气

1 这张照片拍摄于距离地面2.9万千米高处。照片中可以清晰地看到非洲大陆、阿拉伯半岛和冰川覆盖的南极洲。整个南半球笼罩在浓密的云系中。

2 地球大气的成分不是一成不变的。科学家推测:对今天的生物界至关重要的氧气,在地球原始大气中并不存在,而石炭纪时地球大气中的氧气含量则高达 35% 以上。

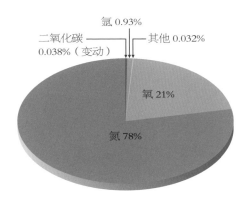

氩 0.93%

二氧化碳 0.038%(变动) — 其他 0.032%

氧 21%

氮 78%

体对地球上的生命具有非常重要的意义，但它们对天气现象几乎没有直接影响。

□ 1.1.2 二氧化碳

大气中含量第四的气体是二氧化碳，仅约占大气体积的 0.04%。但对于地球气候而言，二氧化碳却具有十分重要的意义。

地球表面的热量主要来自太阳辐射。一般来说，温度越高的物体辐射出的电磁波波长越短。太阳辐射主要集中在波长小于 2.5 微米的短波，相对"低温"的地球向外辐射能量则主要通过波长 3 微米 ~ 30 微米的长波。地球的大气对短波辐射是非常"透明"的，这使得太阳辐射的热量

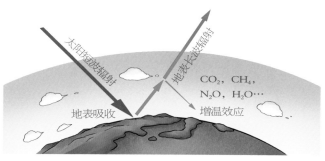

温室效应示意图

几乎不受阻碍地到达地球；但地球的大气，特别是其中的二氧化碳气体却能很好地吸收长波辐射。地球大气的这种"关住"太阳辐射热量的能力，就是所谓的"温室效应"。如果没有温室效应，地球表面的平均温度可能只有 $-18℃$，而不是现在的 $15℃$。温室效应并不是"洪水猛兽"，而是地球生命存在的必要条件。

虽然二氧化碳在干洁大气中的比例是基本稳定的，但最近一个多世纪以来，其含量却在稳步上升，这很可能是人类大量燃烧化石燃料造成的。二氧化碳等温室气体的增加会使地球表面温度升高，引起的全球气候变化会对人类生活造成损害。

□ 1.1.3 变化的大气成分

氮气、氧气、氩气、二氧化碳在大气中的含量和分布是相对稳定、均匀的。除此之外，大气中还有许多含量随时间、地点变化显著的气体和粒子，如水汽、臭氧和气溶胶颗粒。它们虽然在大气总量中的比例很小，但对天气和气候却有着显著影响。

水汽在大气中的含量变化非常大，从几乎没有到体积比达到 4%，甚至更高。水汽在大气中的含量虽少，但对天气变化来说，却非常重要。水汽也是一种温室气体，更是云和雨、雪的来源，还是风暴形成的重要条件。

臭氧是由三个氧原子组成的（O_3），它不同于我们呼吸的由两个氧原子组成的氧气（O_2）。臭氧在大气中的总含量仅有 0.3ppm（1ppm 为百万分之一）左右，而且分布是不均匀的。在我们生活的底层大气中，臭氧含量不足亿分之一，它主要集中在距地面 10 千米～ 50 千米的（平流层）大气中，形成所谓"臭氧层"。

低层大气中的臭氧是一种有害人体健康的污染物，平流层中的臭氧层却能够吸收太阳辐射中的紫外线，是地球生物维持生存的重要"保护伞"。近百年来，人类向大气中排放了许多自然界原本不存在的物质，如氟利昂。氟利昂是一种化学性质稳定的人造化合物，曾广泛用于制造制冷剂、喷雾剂和塑料发泡剂等。排放到空气中的氟利昂随气流到达南极，在那里的低温条件下通过化学反应破坏平流层的臭氧层。这就好像在地球保护伞上戳了个洞，我们叫它南极臭氧洞。好在人类及时发现了这个问题。1987 年，46 个缔约方在加拿大的蒙特利尔达成了《关于消耗臭氧层物质的蒙特利尔议定书》，从此开始了淘汰氟利昂，保护臭氧层的行动。近些年，经过科学家们观测，发现南极臭氧洞正在逐渐消失。

大气的运动可以使大量固体和液体颗粒悬浮在空中。例如沙尘暴时，沙尘遮天蔽日，但这些相对较大的颗粒并不能在空气中停留太长时间。然而，许多颗粒是十分微小的，如海面上浪花破碎产生的盐粒、植物孢粉、细微的土壤颗粒及火山喷发产生的火山灰等。它们可以在空气中悬浮相当长时间，所有这些固态和液态的微粒统称为气溶胶颗粒。

过多的气溶胶颗粒是有害人体健康的污染物（即所谓"PM2.5"），但正常含量的气溶胶颗粒其实是大气中必不可

1 南极臭氧洞：图为
  2000 年 9 月的大气
  臭氧含量，2000 年
  左右是南极臭氧洞
  最严重的时期。

2 大气中的悬浮颗粒
  散射阳光形成光
  柱，即所谓"丁达
  尔现象"。

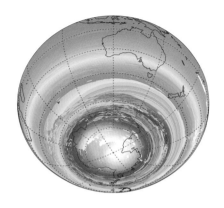

148 161 174 187 200 213 226 239 252 265 278 291 304 317 330 343 356 369

多布森单位

2000 年 9 月的大气臭氧含量

少的固有成分。它们折射阳光，形成美丽壮观的"光柱"现象，并使太阳在升起和落下时呈现橙红色；对本书来说更重要的是，它们是云形成的必要条件。

第2节　大气层的垂直结构

"我欲乘风归去，又恐琼楼玉宇，高处不胜寒。"

古人根据自身体验，很早就知道大气温度会随高度而变化。但对大气层垂直结构的准确认识，还要依靠高空探测技术的发展。

16世纪末，伽利略发明了最早的温度计。1714年，丹尼尔·加布里埃尔·华伦海特创立了华氏温标；1742年，安德斯·摄尔修斯创立了摄氏温标。但是，又如何把温度计送到天上呢？

□ 1.2.1 勇敢的探索者

温度计发明后不久，人们曾尝试利用风筝等手段将温度计送上天空，但这些方法并不能获得不同高度的实时数据。1783年，蒙特哥菲尔兄弟制作的热气球在法国巴黎升空，人类开始了对大气层的探险。1804年，著名的法国化学家约瑟夫·路易斯·盖－吕萨克携带温度计、湿度计、气压

$\dfrac{1}{2}$

1、2 詹姆斯·格莱舍1809
年出生于英国伦敦，是
近代气象学的奠基人之
一。1862至1866年间，
他乘坐"猛犸象"号热
气球进行了28次高空
飞行。

计等仪器，乘坐气球到达了距地面 7000 米的高空。7000 米高空中稀薄的空气令盖－吕萨克头疼欲裂，但这种痛苦也使他得以亲身证实：海拔每上升约 100 米，气温就会下降 1℃。

盖－吕萨克的飞行高度记录保持了 50 多年。1862 年 8 月，英国气象学家詹姆斯·格莱舍和热气球驾驶员亨利·考克斯维尔在没有防护服、没有氧气辅助的条件下乘坐热气球升入空中。当气球上升到约 8000 米高度时，温度降至 −23℃，天空变成了很深的普鲁士蓝色；气球继续上升，格莱舍的意识开始模糊，当高度接近 9000 米时，格莱舍陷入了昏迷。考克斯维尔意识到他们飞得太高了，他爬上悬挂气球的绳网，拉下一个被缆索缠住的阀门，他的双手已经冻僵了，气球仍在上升；最后，考克斯维尔用牙齿咬住阀门释放气球中的气体，气球下降，二人得以返回地面。他们最终到达的高度，估计在 11000 米以上。这也是迄今为止人类"裸露"探索大气层的最高记录。格莱舍发现，大气高度与温度的关系，并非盖－吕萨克描述的线性关系。

☐ 1.2.2 大气的垂直分层

早期的探空记录让气象学家们认为，大气温度随高度增加而降低，当达到大气层边缘时，将降至接近绝对零度（−273℃）。1902 年，法国科学家泰塞伦·德波尔否定了这一看法，他指出，在 8000 米～12000 米高度间，温度停止下降。人们起初是怀疑德波尔的这一发现的，但随着无人高空探测技术的发展，越来越多的资料证明了他的观点。今天，通过气球、火箭、雷达、卫星等多种高空探测手段，人类对大气层垂直结构的认识越来越清晰。

根据大气温度随高度变化的特征，大气可分为对流层、平流层、中间层、热层。

对流层：平均高度约1万米，热带地区可以达到1万6千米以上，在极地上空则可低至不足9000米。在对流层中，温度随高度下降，每上升1千米，温度平均下降6℃。

平流层：位于对流层之上，距地面高度1万米～5万米。从平流层底开始到约2万米高度，大气温度几乎不变，然后急剧上升直到平流层顶。平流层中温度升高，主要是由于臭氧层吸收太阳紫外线产生的。

中间层：在中间层，大气温度又开始随高度增加而下降。在距离地面8万米的中间层顶，大气平均温度约为−90℃，这是整个大气层的最低温度。中间层大气是人类目前了解最少的大气层部分，这是因为即使在中间层底部，大气压也已经下降到海平面的百万分之一，任何飞机或气球都无法到达这一高度，而人造卫星的最低轨道高度则远高于此。

热层：从中间层往上延伸，是大气层中没有确定上限的第4个层次，称为热层。这里大气已经极度稀薄，是地球大气和宇宙空间的过渡地段。热层中的气体原子吸收太阳的辐射热量，温度又随高度升高而上升。热层温度可以达到1000℃以上，但这一温度和地面的温度是没有可比性的。温度是用分子热运动的平均速率来定义的。热层气体分子可

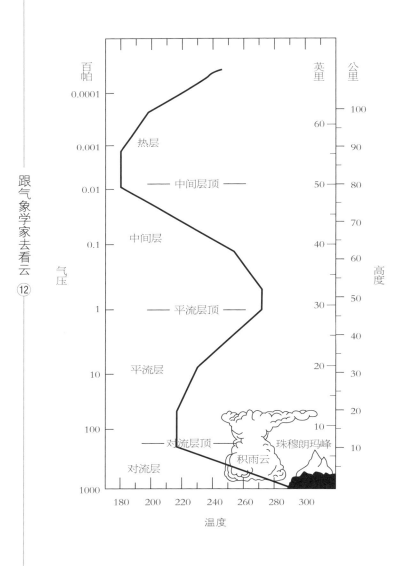

百帕

0.0001

0.001　　热层

　　　　　——中间层顶——
0.01

　　　　中间层
0.1

气压

1　　　　——平流层顶——

　　　　平流层
10

100

　　　——对流层顶——　积雨云　珠穆朗玛峰
　　对流层

1000

180　200　220　240　260　280　300

温度

英里　公里

100　60

90

80　50

70

60　40

高度

50　30

40

30　20

20

10　10

以以很高的速率运动，但因为数量极度稀少，其总体热量是极低的。如果有人在热层中把手伸到"空气"里，是不会感觉到热的。

对流层是大气层中最薄的一层，也是最"生机勃勃"的一层。这里是云的"家乡"，几乎所有重要的天气现象都发生在这里。

第3节　云的产生

地球被称为蓝色星球，这是因为有水的存在。水在海洋里，在奔流的江河里，在冰川，在土壤，在天空，在所有生物的体内。地球上的水又是不断运动的：水汽从海洋和森林上空进入大气，凝结成云，又以降水的方式回归大地。水是地球拥有勃勃生机的重要源泉。

□ 1.3.1 水的三态变化

水是自然界中唯一一种以固态、液态、气态三种物态存在的物质。固态的水又称为冰，气态的水则称为水蒸气（大气中的水蒸气通常称为"水汽"）。

在冰中，水分子由相互作用的引力（主要是氢键）结合在一起，形成有序的网格状。这种结构使得网络中的水分子只能在固定的位置振动，冰因此成为坚硬的固体。当温度升高，分子振动愈来愈剧烈，水分子之间的氢键被破坏，冰开始熔化成液态。在液态的水中，水分子虽然仍旧紧密地挨靠在一起，但已不再被束缚在固定的网格结构中，这使得液态的水虽然具有一定的体积，却可以自由流动。当温度继续升高，水分子获得足够的能量"逃离"周围同伴的束缚，水就变成了气态。气态水分子间有着开阔的间距，分子间的吸引力几乎不起作用，这使得水蒸气的体积会随压力变化膨胀或收缩，充满它所在的空间。

常用的摄氏温标是以水的三态变化为准制定的，即1个标准大气压下冰开始熔化的温度为0℃，水开始沸腾的温度为100℃。需要注意的是，0℃是一个冰、水共存的温度——0℃的水需要放出热量才会结冰；而100℃是水沸腾而非蒸发的温度。实际上，在液态水的界面上，时时刻刻都有活跃的水分子挣脱束缚进入空气，也随时都有游离的水分子回归集体的怀抱。当逃离快于回归时，宏观的表现就是液态的水逐渐蒸发成气体；而当回归快于逃离时，空气中的水汽就会凝结成微小的水滴，甚至冰晶。

☐ 1.3.2 地面上的云

云，就是悬浮在空中的水滴、冰晶或它们的混合物组成的肉眼可见的聚合体。

水的蒸发和凝结无处不在，云也不一定只高居遥不可及的天空。喜欢登山的朋友会有这样的体验：在山下时，看到

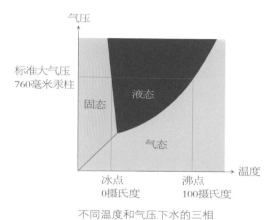

气压

标准大气压
760毫米汞柱

固态

液态

气态

温度

冰点
0摄氏度

沸点
100摄氏度

不同温度和气压下水的三相

降水

水汽蒸发

水汽输送

植物蒸腾

水汽蒸发

降水

地表径流

湖泊

河流

下渗

地下水补给
地表径流

地下径流

海洋

水循环

山顶层云笼罩；当登上山顶时，则感觉身在雾中——这身边的雾，不就是山下看到的云吗？

其实，所谓"接地为雾，离地为云"。虽然雾和高空中的云相比，一般会因接近地面而含有更多的烟尘等污染物，但从本质上讲它们确实是同一种东西。了解近在身边的雾，能帮助我们理解高空中的云。

按照形成原因，雾可以大致分为辐射雾、平流雾、蒸发雾、上坡雾等。

所谓辐射雾一般发生在秋冬季节的夜间或清晨。白昼时地面温度相对较高，促进蒸发产生水汽；日落后地面因热辐射冷却，贴近地面的潮湿空气随之降温，空气中的水汽就凝结或凝华成雾。

辐射雾是温暖潮湿的气团"原地"降温形成的。实际上，由于温度、地形等差异，近地的气团很少能长时间保持原地不动。当温暖潮湿的气团平移流经较冷的地表面时，其中的水汽会被冷却而形成平流雾；而当寒冷干燥的气团流经温暖的水面，水面蒸发的水汽遇冷凝结，形成的就是蒸发雾。

不同于辐射雾、平流雾等，上坡雾是湿润的气流遇到阻碍，沿坡地爬升过程中体积膨胀、温度降低，水汽凝结形成的。

拍摄者：刘从康

$\dfrac{1}{2}$

1　离地的雾：浓雾离
　开地面成为层云，
　遮盖了城市高层建
　筑的上部。
2　接地的云：又称"山
　雾"，从山下仰望，
　就是层云。

拍摄者：刘从康

$$\frac{1}{2}$$
$$3$$

1 平流雾：温暖潮湿的
   空气掠过较冷地面，
   受冷后空气达到饱
   和，水汽凝结，形成
   平流雾。

2 上坡雾：气流爬坡过
   程中，空气抬升达到
   饱和，水汽凝结，形
   成上坡雾。

3 蒸发雾：冷空气掠过
   温暖的水体，水面蒸
   发的水汽遇冷凝结，
   形成蒸发雾。

☐ 1.3.3 升向高空

一朵约 1 公里长、宽，中等大小的积云，飘浮在晴朗的天空中，像洁白、蓬松的棉花一样。然而，在这朵看似轻盈的云朵里，蕴含着总重约 500 吨、相当于 70 头大象重量的水滴。是什么力量把它们送上数千米高的空中？

黑耳鸢是一种常见于中国各地开阔的田野、草原上空的中大型猛禽。人们经常可以看到它伸展双翅，一动不动地在天空中翱翔数个小时。实际上，许多猛禽都具有这种"无动力"飞行的技能。将它们"托举"在空中的，是上升的热气流。

空旷平原上的上升气流是由地面的不均匀加热产生的。比如，在炎热的夏季，裸露地面上空的空气，其温度要高于有植被覆盖的地面上空的空气。这些较暖的空气因浮力上升就形成上升热气流。这些气流不仅能把体重数公斤的猛禽长时间托举在空中，更足以把数百吨的水汽带到空中形成云。

单纯由地面加热不均匀产生的气流热力抬升，其范围、强度是有限的。在自然界中，还有气流因被山脉阻挡而爬坡上升的地形抬升、冷热气团"迎面相撞"产生的锋面抬升等，这些抬升运动通常具有更大的强度和范围。

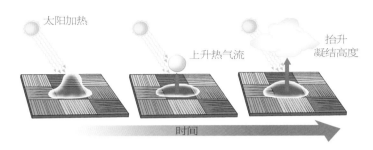

太阳加热

上升热气流

抬升
凝结高度

时间

第8章　去郊外

□黑耳鸢

$\dfrac{1}{2}\Big|\dfrac{3}{4}$

1　局地对流抬升：地表面的不均匀加热使得某一部分空气比周围的
　　空气温度高，这些具有浮力的热气块就会上升，产生上升热气流，
　　如果到达了凝结层就会形成云。

2　《身边的鸟》中的黑耳鸢。

3、4　棉花团样的淡积云是许多人心目中最"标准"的云。天气预报中"多
　　云"的符号就是它的形象。

□ 1.3.4 云的"催化剂"

云的形成本质上是大气中水汽的凝结。自然界中液态的水通过蒸发和蒸腾变成气态，然后随大气的抬升运动升向高空，随着高度增加，温度降低，水汽就会凝结形成云——真的这么"简单"吗？

我们知道，在液态水和空气的接触面上，蒸发和凝结永远是同时发生的。水分子不停地在回归或逃离水面，当逃离速度大于回归速度时，宏观表现为液体蒸发变少。越来越多的水分子进入空气会使蒸发变慢、凝结加快。当蒸发速度慢到和凝结速度一致时，空气中的水汽总量就不再增加，而处于饱和状态了。

饱和状态是一种动态平衡，处于饱和状态的水汽并不会自发凝结。要使空气中的水汽凝结成云滴，首先必须使水汽达到过饱和状态。在自然界中，想依靠蒸发使空气中的水汽达到过饱和，是不可能的。但水的蒸发和凝结是与温度直接相关的。温度越低，饱和水汽实际的含水量就越低；一团洁净的湿热气团中的水汽，即使在地面附近远未达到饱和状态，在升向高空温度降低的过程中，也会很快变成过饱和状态。

但是，过饱和的水汽可以阻止蒸发，却不能保证凝结发生。我们知道，不论液态还是气态，水的分子都处在不断的热运动中。固态和液态的水，都需要大量水分子聚集在一起，依靠"集体"的力量克服单个分子因热运动而"逃离"

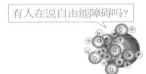

气溶胶颗粒的作用示意图

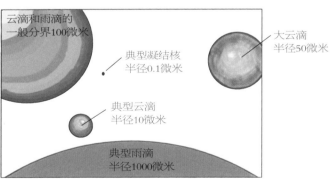

云滴和雨滴的典型大小

的趋势。这个"集体"的大小有一个临界尺度，不足这个临界尺度的分子团是不能"长大"变成水滴的。在对流层大气中，气压（空气密度）和温度一样，也是随高度降低的。水汽升入高空达到过饱和状态，能够促进水汽分子聚合在一起形成云滴的"胚胎"。但在洁净、稀薄的空气中，这些"胚胎"的大小通常远远不能达到临界尺度就解散、消失了。这时，如果有远大于单个水分子的微粒悬浮在水汽中，在它远大于单个水分子的"个人魅力"作用下，"胚胎"得以长大变成云滴。这些微粒，就是前面讲到的大气中的气溶胶颗粒。

看似空旷平静的大气，其实如浩瀚的海洋一般，时而平和壮阔，时而波涛汹涌。在这空气之海的波涛中，诞生了云的家族。

第2章

云之家族

第1节　给云命名

卡尔·波普曾说过，世界上的事物可以分为两类，一类是"钟"，另一类则是"云"。"钟"虽然精密、复杂，但却是规则而有序的。你可以拆开它，了解它的结构，知道每个部分的作用。"钟"的运行是有规律的，了解了这些规律，"钟"的行为是可以预测的。而"云"则不同，它们处于不断地变化中。不同于精密的"钟"，"云"是混沌和难以预知的。

□ 2.1.1 云的基本形态

如果把我们头顶的大气比作波澜壮阔的海洋，云就像浪涛卷起的白沫，不断地产生、变化、消散。怎样认识和描述瞬息万变的云，是一个长时间困扰人们的问题。

1802 年，一位英国"业余"气象学家，时年 30 岁的药剂师卢克·霍华德（1772—1864）给出了答案。霍华德认为，虽然看起来千变万化，但云的基本形态只有三种：

卷云（cirrus，拉丁语意为"鬈发"或"细线"）：高、白、薄，形如小块的薄纱或丝线。

积云（cumulus，拉丁语意为"堆""堆积"）：花椰菜样的云团，有棉花一样的外观。

卢克·霍华德把千变万化的云归纳为卷云、积云、层云三种基本形态和这三种形态两两组合的 4 种过渡形态，开启了对云的科学认识、分类。

层云（stratus，拉丁语意为"层""大片"）：如同弥漫的浓雾，遮盖整个或大部分天空。

这三种基本形态的云之间又会相互转化或合并，因此又有四种中间或混合形态的云：卷积云（cirrocumulus）、卷层云（cirrostratus）、积层云、积卷层云（或雨云，拉丁文nimbus）。霍华德认为，所有的云，都属于这七种类型。

□ 2.1.2 云的分类

卢克·霍华德对云的分类和描述借鉴了著名博物学家林奈的方法，一经公布，就获得了科学界的认可。在霍华德的工作基础上，人类对云的认识，进入了科学的"快车道"。

1840年，德国气象学家路德维希·克姆兹（1801—1867）提出了"层积云"（stratocumulus）的概念，替代了霍华德最初提出的"积层云"（cumulus stratus）。需要注意的是，霍华德提出的"积层云"是指积云和层云的混合状态。而层积云则是由层云受气流影响而破碎；或积云向上发展时碰到稳定的大气层受阻，向水平方向扩展形成的。

1855年，法国气象学家埃米利安·让·雷诺（1815—1902）提出在原有基础上增加高积云（altocumulus）和高层云（altostratus）。这两种云的拉丁文名称是在积云和层云的词前加前缀"Alto"（拉丁语意为"高的"）构成的。正如名称所显示的，这两种云的高度高于霍华德所描述的积云和层云。

随后，气象学家又在1880年提出了"积雨云"（cumulonimbus），在1930年提出了"雨层云"（nimbostratus）。

《白马》 约翰·康斯太勃尔

《老塞勒姆》约翰·康斯太勃尔

英国19世纪最著名的风景画家之一约翰·康斯太勃尔1776年出生于英国萨福克郡。卢克·霍华德发表他对云的分类与命名时，青年的康斯太勃尔正在伦敦学习。在此后的一生中，康斯太勃尔在他的画作中描绘了大量形象而生动的云。以上画中依次为积雨云、层积云和浓积云。

《一处风景上空的云》约翰·康斯太勃尔

积雨云相当于霍华德起初提出的"积层云",雨层云则相当于霍华德的"积卷层云"。至此,气象学家今天说的云的十个"属"全部完成了命名,即:

　　卷云、卷积云、卷层云;

　　高积云、高层云;

　　积云、层云、雨层云、层积云、积雨云。

　　这十个云属又根据云底高度分为高、中、低三个云族。其中,高云族通常出现在 4500 米以上,卷云、卷积云和卷层云属于该族;中云族在 2000 米到 4500 米之间,包括高积云、高层云和雨层云;积云、层云、层积云和积雨云则为低云族,云底高度通常在 2000 米以下。

　　对于云的分"族",有不同的观点。如在 2004 年出版的《中国云图》中,雨层云被归入低云族,这是因为它的云底高度常会低于 2000 米。另外,很多文献中把积雨云单列为直展云族,这是因为它的云底高度虽然低于 2000 米,但云顶高度可高达万米以上,云体贯穿整个对流层。本书采用三族十属云的划分,是与世界气象组织发布的《国际云图》(2017 版)一致的。

□ 2.1.3 云的名字

　　天空中的云瞬息万变,"三族十属"的分类虽然条理清晰,但要更深入地认识云,却有些不太"够用"。所以,在同一云"属"之下,又可根据云的形状、透光性和排列方式等,分为若干个"种"和"变种"(见下表)。

族	属	种	变种
高云族	卷云	毛卷云	乱卷云
		钩卷云	辐状卷云
		密卷云	
		堡状卷云	脊状卷云
		絮状卷云	重叠卷云
	卷积云	层状卷积云	波状卷积云
		荚状卷积云	
		堡状卷积云	网状卷积云
		絮状卷积云	
	卷层云	毛卷层云	重叠卷层云
		雾卷层云	波状卷层云
中云族	高积云	层状高积云	透光高积云
		荚状高积云	漏光高积云
			蔽光高积云
		堡状高积云	波状高积云
		絮状高积云	网状高积云
			辐状高积云
		卷滚状高积云	重叠高积云
	高层云	（不分种）	透光高层云
			蔽光高层云
			波状高层云
			辐状高层云
			重叠高层云
	雨层云	（不分种）	（不分变种）

族	属	种	变种
低云族	层积云	层状层积云	透光层积云
			蔽光层积云
		荚状层积云	漏光层积云
		堡状层积云	波状层积云
			网状层积云
		絮状层积云	辐状层积云
		卷滚状层积云	重叠层积云
	层云	雾状层云	蔽光层云
			透光层云
		碎层云	波状层云
	积云	淡积云	辐状积云
		浓积云	
		中积云	
		碎积云	
	积雨云	秃积雨云	（不分变种）
		鬃积雨云	

上表列出了云的族、属、种和变种。初看表中的名称可能让你感到"崩溃"（不用担心，我也一样），但是经过简单的梳理，你会发现其中有规律可循。

首先是十云属。认识它们已经足以使你收获亲朋的赞叹——而做到这一点并不困难。

十种云属的名称不过这五个字：积、层、卷、高、雨。

"积"指有清晰轮廓的团块状；"层"则弥漫天空、没有明确的轮廓；"卷"是白亮的丝缕，通常呈弧形。积云和层云都属于低云族，有时有"触手可及"的感觉；卷云则独居高空。

"高"是指相对高度。相对于低云族的积云和层云，分别有高积云和高层云；卷云属于高云族，故而不存在"高卷云"。典型的高积云就像有人打翻了装棉球的罐子，其单个云团的表观宽度一般在 1° ～ 5° 之间——换以直观的说法：闭上左眼，伸出手臂、翘起拇指，云团的大小不小于拇指的宽度。需要注意的是，云的名称是根据形状而非成因确定的。高积云和高层云并非高处的积云和层云，它们的形成方式是完全不同的。

卷、积、层是云的三种基本形态，两两组合，则有三种"过渡形态"。高空中丝缕状的卷云如果"膨胀"成小的片、块，就称为"卷积"云；如果再进一步"扩散"成相连的雾状团块，就称为"卷层"云。低空的云如果呈聚集的、边缘不甚清晰的团块笼罩天空，则称为"层积"云。

"雨"指带来降雨，这样的云通常是灰暗、潮湿、厚重的。积云和层云都可能带来降水，高空冰晶组成的卷云则不会。这里需要注意的是，积雨云并不等同于带来降雨的积云，而是一类产生于强对流天气的特殊的云。

云属之下，又根据云体的形状分为不同的"种"；根据透光性和排列方式分为不同的"变种"。

以高积云为例：高积云有层状、荚状、堡状、絮状、卷

《俄罗斯的湖》伊萨克·伊里奇·列维坦

列维坦生于 1860 年，是俄国杰出的现实主义画家。
他的作品多描绘俄罗斯的自然风光。《俄罗斯的湖》
画中描绘了湖面上的淡积云。

滚状五种；又有透光、漏光、蔽光和重叠、波状、辐状、网
状七变种。

　　层状高积云是最常见的高积云，单个云体呈半透明的小
块状，相邻或粘连，在空中呈层状铺展；堡状高积云云体呈
长条状，底面平坦，上方锯齿样凸起，如同城堡的垛堞；絮
状高积云的云体是棉絮团样的小块，它的底部是参差不平
的。荚状高积云和卷滚状高积云是较为罕见的，荚状高积云
的云体呈杏仁状或透镜状，轮廓清晰，又被称为"飞碟云"；
卷滚状高积云则是横亘在天空中的长管状云，常会绕水平轴
线缓慢滚动。

　　所谓"蔽光"，是指厚的云体完全遮挡了太阳或月亮。
蔽光高积云的小云块连成一体，呈深灰色的层状。所谓"透

光"，是指虽然遮挡了太阳或月亮，但云体较薄，透过云层仍能看到太阳或月亮的位置。透光高层云由不规则排列的较大云块组成，云块呈灰色，云隙间为乳白色。所谓"漏光"是指云体间有空隙，云隙间可以清楚地看到太阳、月亮和蓝天。漏光高积云也是由不规则排列的较大云块组成的。

云块特殊的规则排列也是云"变种"的特征。"波状"是指云体或云层排列呈现出平行的波纹。波状高积云的云体通常轮廓清晰、排列整齐，是较为常见的高积云变种。"网状"是指较薄的云体中出现规则的孔洞而呈网状或蜂窝状。网状云是不稳定的，它的存在时间通常很短。"辐状"是指云体排成一条条直而平行的条带，一直延伸到地平线上时，透视效果使它们看起来似乎汇聚在一点。辐状高积云的云体通常较薄，呈细条形。"重叠"，又称为"复"，是指多层云体，排列在不同的高度。复高积云的云体通常较薄，云块呈斑块状、层状。

以高积云为例，是因为高积云的种、变种是最具有代表性的：层积云的种和变种情况与高积云完全相同；高层云像笼罩天空的灰色帷幕，没有明显的轮廓和结构，故而不分种，但有和高积云一样的透光、蔽光、波状、辐状、重叠五个变种。除了特殊的雨层云（不分种、变种）和积雨云（巨大的高塔状）外，其他云属虽有各自的特点，但也都能找到和高积云相似的地方。

认识云的种和变种，表明你已经成为"赏云"的行家。

第2节　高空的冰晶——卷云、卷积云、卷层云

　　卷云、卷积云和卷层云都是"高云族"的成员。它们通常形成于万米左右的高空，都是由细小的冰晶构成的。

□ 2.2.1 卷云

　　卷云是所有云属中高度最高的。它的云体呈纤维状或发丝状，在阳光照射下有着白亮的光泽。

　　卷云有毛卷云、钩卷云、密卷云、堡状卷云、絮状卷云 5 种；乱卷云、辐状卷云、脊状卷云、重叠卷云 4 变种。

毛卷云：形如羽毛，边缘毛丝般纤维结构非常明显，颜色亮白，中间较厚处受阳光照射，呈现丝绸光泽。

拍摄者：荆现文

拍摄者：李辛

拍摄者：荆现文

拍摄者：荆现文

$\dfrac{1}{2}\bigg|\,3$

1 脊状毛卷云：形如鱼骨，按变
种分为脊状卷云，按种分仍为
毛卷云。

2 毛卷云：颜色洁白，好似羽毛，
纤维结构明显，部分位置稍厚。

3 毛卷云：略带弯曲的白色细丝，
无钩状或簇绒外观；远处有密
卷云。

1	
2	3
4	5

1 毛卷云：底部被朝霞映照为橙红色，上部纤维结构明显；
  远处有高积云。

2 钩卷云：云体呈白色，云丝平行排列，向上一头呈钩状；
  周围有卷积云。

3 密卷云：位于图片左下部分，云体较厚，被晚霞映照呈肉
  粉色；图片右上部分还可看到毛卷云。

4 密卷云：云体较厚，呈亮白色，边缘有纤维结构；远处山
  上有浓积云。

5 密卷云：云块浓密，日落时分依然呈白色，有波涛状附属
  特征。

□ 2.2.2 卷积云

卷积云的云体呈小块状或层状，白而透明。卷积云有层状卷积云、荚状卷积云、堡状卷积云和絮状卷积云 4 种；波状卷积云、网状卷积云 2 变种。

卷积云有时看上去与高积云相似，但它的云块表观宽度一般小于 1°。也就是说，当你伸直胳膊测量时，小云块宽度从一根拇指到两根手指左右的是高积云；小于一根手指宽度的是卷积云。

拍摄者：赵树云

卷积云：云块大小不一，均呈白色，无任何阴影；图片靠下位置有毛卷云。

第 2 章　云之家族

㊴

拍摄者：荆现文

拍摄者：赵树云

$\dfrac{1}{2}$

1 卷积云：云块很薄，密集成群，阳光透过时发生衍射，形成虹彩。

2 堡状卷积云：图片较亮处，云底处于同一水平线，上面形似小型城堡；颜色较暗处为高积云。

□ 2.2.3 卷层云

卷层云的云体稀薄而透明，呈片状或丝缕状，通常延伸覆盖全部或大面积的天空。卷层云有毛卷层云和雾卷层云 2 种；波状卷层云、重叠卷层云 2 变种。

卷云、卷积云、卷层云都是由细小的冰晶组成的。阳光穿过这些冰晶，发生反射、折射，常产生晕、华等光学现象。

拍摄者：赵树云

雾卷层云：图中下方的巨大云体为鬃积雨云，从其云顶向四周延展的薄纱一样的云层，为雾卷层云。

拍摄者：马炎钧

拍摄者：赵树云

1　雾卷层云：雾卷层云有时很薄，很均匀，肉眼难辨，通过其特有的光学现象"晕"可知其存在。

2　毛卷层云：纤维状云巾，其中可观测到条纹，由毛卷云发展而来。

1
—
2

第3节 从冰晶到水滴——高积云、高层云

高积云和高层云都属于"中云族"，它们位于 2000 米～6000 米高度，通常由水滴夹杂着冰晶构成。

☐ 2.3.1 高积云

高积云是形态最为丰富多变的云属，包含层状高积云、荚状高积云、堡状高积云、絮状高积云、卷滚状高积云 5 种；透光高积云、漏光高积云、蔽光高积云和波状高积云、网状高积云、辐状高积云和重叠高积云 7 变种。

堡状高积云：云底水平相接，云顶呈城垛形状；远处靠近地平线有高层云。

拍摄者：荆现文

拍摄者：冯文杰

拍摄者：荆现文

拍摄者：荆现文

$\dfrac{\dfrac{1}{2}}{3}$

1 高积云：云块呈瓦片状，有暗影，单个云块表观宽度小于
   淡积云，但大于卷积云。

2 荚状高积云：云体边缘光滑，呈碟状或豆荚状，常见于山
   的下风方向。

3 絮状高积云：云体因日落呈蓝灰色，下部有纤维状尾迹（幡
   状云）；图片上方有卷云，下方有波状排列的高积云。

摄者：赵树云

$$\frac{1}{\frac{2}{\frac{3}{4}}}$$

拍摄者：荆现文

1 透光层状高积云：透过云隙可见蓝天，可辨太阳位置，云体呈薄的云片。

2 高积云：云块呈橙红色，部分云体下有幡状云；远处有高层云。

拍摄者：赵树云

3 絮状高积云：云块大小不一，边缘破碎，形似棉絮团，分散在高空。

4 网状排列的高积云：云呈薄片，以网状或蜂窝状排列，有规则分布的圆孔。

拍摄者：荆现文

葛饰北斋是日本江户时期最为著名的浮世绘画家。在他的代表作之一《富岳三十六景》中描绘了许多富于艺术特色而又形象准确的云。图为富士山背景上的波状高积云。

□ 2.3.2 高层云

高层云的云体呈灰暗的片或层状，覆盖全部或部分天空。

高层云不分种，但是由于厚薄的变化，有透光、蔽光和波状、辐状、重叠 5 变种。

高层云覆盖天空时，会给人一种阴天的感觉。即便是透过云层能看见太阳，也像是隔着一层毛玻璃。高层云下，地面的物体看不到影子。

摄者：赵树云

$$\frac{1}{\frac{2}{3}}$$

摄者：赵树云

1 波状排列的蔽光高层
云：云层呈灰色，布
满全天，波状排列。

2 蔽光高层云：云层很
厚，布满全天，不辨
太阳位置；高层云下
有高积云，图片右侧
部分呈波状排列。

3 透光高层云：浅灰色
云层，部分有波状排
列，透过云层可辨太
阳位置。

拍摄者：赵树云

《复活节的早晨》卡斯帕·大卫·弗里德里希

弗里德里希生于 1774 年，是著名的德国浪漫主义画家。《复活节的早晨》现收藏于西班牙提森·博内米萨国家博物馆，画中描绘了早晨的透光高层云。

第4节　身边的云——积云、层云、层积云

积云、层云和层积云属于低云族。它们在天空中的高度一般不超过 2000 米，有时甚至低至触手可及的高度，成为人们"身边的"云。

□ 2.4.1 积云

积云是人们想象中最"标准"的云——像一团团白亮、蓬松的棉花糖，出现在动画片或儿童绘本的画面里。

积云为分离的云块或云团、轮廓清晰；云底通常平坦且较暗，云顶则洁白明亮、多球状隆起，如花椰菜样。

积云按云体垂直发展的程度，有淡积云、中积云、浓积云、碎积云 4 种；按云体的排列方式，有辐状积云 1 变种。

淡积云垂直发展程度最低，云体扁平。淡积云说明大气处于比较稳定的状态，一般不会产生降雨。

中积云垂直发展程度比淡积云高，云顶有明显的向上发展的突起。云体高度和宽度相近。

浓积云是垂直发展最旺盛的积云，云体高度明显大于宽度，有着花椰菜轮廓的云顶。积云通常是好天气的象征，但

浓积云有时会带来阵雨或阵雪。

碎积云是破碎的小块积云，轮廓不清，几乎没有典型的平整云底和弧形云顶。

辐状积云的云块清晰洁白，常被称为"云街"。

拍摄者：杨彬

淡积云：云底较平，有暗影，云顶呈圆弧形凸起；中间有碎积云。

拍摄者：倪元

浓积云：图片左侧云体高大，云底较平，有暗影，云顶呈花椰菜形状，轮廓清晰。

拍摄者：荆现文　　　　　　　　　　拍摄者：倪云

$\dfrac{1}{2}\Big|3$

1　淡积云：从远处看，不同云块云底在同一水平，云底平，有暗影，云顶发展不高。

2　淡积云：云块边缘破碎，云底较平有阴影，云顶凸起。

3　中积云：云体的垂直发展程度介于淡积云和浓积云之间，云顶有小凸起或芽状物。

拍摄者：荆现文

拍摄者：吴彦

$\dfrac{1}{2}$

1 碎积云：云块破碎，无平整云底，也无圆弧形云顶，是积云的消散阶段；图片左侧建筑后有浓积云。

2 浓积云：积云属中垂直发展程度最高，云底水平，有阴影，云顶轮廓清晰，呈花椰菜状；高空有卷云。

□ 2.4.2 层云

　　层云呈朦胧、灰色的一片，它的高度通常只有数百米，是所有云属中高度最低的。层云常会笼罩城市中高层建筑的顶部，甚至接触地面成为雾。

　　层云有雾状层云和碎层云 2 种；蔽光、透光和波状 3 变种。

　　层云虽然看起来灰暗潮湿，但通常不会带来降水，即使有，也只是毛毛细雨。

《云山得意图》（局部）

朦胧飘逸的层云是中国传统山水画中最为常见的景象。图为宋代画家米友仁《云山得意图》中描绘的碎层云。

1
—
2
—
3

1 雾状层云：云层呈
   灰色，均匀布满天
   空，远处地面物体
   显得模糊。

2 雾状层云：云层呈
   灰色，远处的山依
   然笼罩在雾中，阳
   光透过云滴时发生
   折射形成彩虹。

3 碎层云：日出后受
   太阳辐射影响，水
   汽沿山坡抬升，形
   成碎层云。

□ 2.4.3 层积云

层积云成层或成片地覆盖全部或部分天空，但与层云不同的是，它的云块轮廓清晰，通常有积云的平坦云底和隆起的云顶，云块间有时连成一片，有时存在缝隙。层积云变化多端，颜色从灰黑到亮白，拥有和高积云一样的 5 种、7 变种。

层积云的高度可低至数百米，一般不超过 2000 米。我们在高山上看到的壮观云海，很多就是由层积云形成的。

积云性层积云：积云融合形成，云体依然保持着积云特征，拍摄地位于台风外围，大气很不稳定；周围有碎积云，上面有高层云。

跟气象学家去看云

1 层状层积云：云块呈灰色片状，棋盘形排列，透过云
隙可见蓝天。

2 积云性层积云：由积云融合形成，周围有碎积云。

3 波状层积云：云底灰色、扁平，呈一系列大致平行的
波浪状排列。

4 絮状层积云：相比层状层积云，云底和边缘破碎。

5 漏光层积云：透过云隙，可见其上层的云和蓝天，可
辨太阳位置。

<table>
<tr><td>6</td></tr>
<tr><td>7</td></tr>
<tr><td>8</td></tr>
</table>

6　絮状层积云：由堡状层积云云底消散形成，云底破碎。

7　积云性层积云：由积云融合形成，云体依然保持着积云特征。

8　堡状层积云：云底位于同一水平线上，云顶呈锯齿状外观，云底消散或部分云体脱离云底后可形成絮状层积云；图片上方还可看到卷积云。

第5节　雨水之乡——雨层云、积雨云

很多种类的云都会产生降水，但带来大雨的则只有雨层云和积雨云。雨层云带来连绵不断的降雨，沉默而阴郁；积雨云则暴雨滂沱、电闪雷鸣。

☐ 2.5.1 雨层云

雨层云浓厚、灰暗、遮天蔽日。它是所有层状云中最浓厚的，有时可从数百米高度一直延展至 5000 米以上，故而在不同的文献中，雨层云有时被纳入中云族，有时则作为低云族的成员。

雨层云外观非常一致，无不同的种、变种。

雨层云：图片上部无形状的灰色云层；图片下部有絮状层积云。

拍摄者：冯文杰

拍摄者：荆现文

1　雨层云：图片中无形的灰色云层；图片中部还有层积云。

2　雨层云：橘黄色天际线上方的暗灰色云层；远处正在下雨。

$\dfrac{1}{2}$

　　积雨云是最壮观的云，热带地区的积雨云云底离地五六百米，云顶直达 18000 米以上的高空。积雨云也是最狂暴的云，它常伴随雷雨、大风、冰雹，带来严重的灾害性天气。

　　积雨云分为两种：秃积雨云和鬃积雨云。秃积雨云的云顶呈积云样的丘状凸起；鬃积雨云的云顶呈砧状，有毛发样的纤维状、条状轮廓，这是云体扩展至对流层顶而被迫水平扩散的象征。

鬃积雨云：远处的积雨云云顶已经发展成砧状，云砧左下方可见一浓积云云顶。

拍摄者：马波

1
2
3
4

1 积雨云：云顶虽被遮挡，但从右侧漏出来的冰晶化特征可判断，该云体已经发展为积雨云。

拍摄者：冯文杰

2 秃积雨云：左侧秃积雨云的云顶已经开始向两侧扩展；右侧一浓积云还在向上发展，远处高空有卷云。

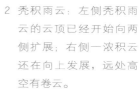

3 积雨云：云顶出现了冰晶化特征，由此可判断此为一积雨云云顶。

拍摄者：荆现文

4 鬃积雨云：近处的云体拥有巨大的云砧，毫无疑问属于鬃积雨云；远处有一个秃积雨云。

拍摄者：李辛

拍摄者：荆现文

1	2
3	4

1　积雨云：云顶出现冰晶化特征和水平延展的趋势；上部有毛卷云。

2　鬃积雨云：云砧非常明显，很明显是鬃积雨云。

3　鬃积雨云：云顶的巨大云砧和纤维化外观证明它是鬃积雨云。

4　秃积雨云：虽然没有发展出云砧，但左侧云顶有明显纤维化特征和水平延展趋势，可判断为秃积雨云。

第6节　特殊的云

云的属、种基本囊括了所有常见的云，但是我们仍有可能遇到一些特殊形态或类型的云。亲眼目睹这些或奇特、罕见，或与众不同的云，是赏云者的特别"奖章"。

☐ 2.6.1 附属云和附属特征

附属云是与十属云中的云种伴随产生的，有幞状云、缟状云、破片云等。

附属云不是独立的云种，如幞状云和缟状云都是伴随浓积云或积雨云产生的，幞状云通常穿过浓积云花椰菜一样的云顶，就像给浓积云戴上了一顶小圆帽；缟状云则是在浓积云或积雨云的上方或周围的薄而水平的灰白色条状云片。破片云是出现在高层云、积云、积雨云、雨层云等云体下方的破碎云团；积雨云或雨层云下方的破片云通常是灰黑色的、包含水汽，是很快有降雨发生的象征。

附属特征是指十属云云体中的某一部分，在特定条件下出现的独特形态，如砧状云、悬球状云、弧状云、管状云、幡状云、降水线迹云等。

砧状云是指积雨云水平铺开的云顶，呈现出如铁砧的形状。砧状云是积雨云发展到对流层顶后被"阻挡"形成的。

拍摄者：谢远玉

拍摄者：盛杰松云

$$\dfrac{\dfrac{1}{2}}{3}$$

1 秃积雨云上的幞状
  云：云顶出现扁平
  化趋势表明为秃积
  雨云，其上形如草
  帽的为幞状云。

2 蔽光层积云下的乳
  状云：下表面呈现
  乳房状或倒墩状突
  起，云层很厚，为
  蔽光层积云。

3 鬃积雨云下的乳状
  云：常见于鬃积雨
  云的云砧下方，呈
  乳房状悬垂突起。

拍摄者：荆现文

$$\frac{1}{2}\frac{}{3}$$

1 鬃积雨云下的乳状
  云：鬃积雨云云砧
  受夕阳照射呈现红
  棕色，下部有乳房
  状悬垂突起。

2 积雨云下的弧状
  云：处于积雨云前
  部下部，颜色黑暗、
  呈弧形外观，由积
  雨云中强下沉气流
  向外蔓延形成。

3 积雨云下的降水线
  迹：拍摄处为积雨
  云云底，很明显
  正在降水，降水物
  （雨、雪、冰粒、
  冰雹等）从云中下
  落形成线迹。

弧状云和管状云都出现在积雨云或浓积云中。弧状云是指积雨云或很大的浓积云底部像气垫船的围裙一样弧形水平延伸的云边。强大的积雨云底部的弧状云是浓黑色的，有时还会呈现滚轴云的形态水平翻滚。当这样的云体出现在地平线上时，会令人格外兴奋或恐惧。管状云是从积雨云或浓积云的云底伸出，垂向地面的钟乳石样的气旋。管状云进一步发展可能形成龙卷风。

悬球状云可能出现在从高云族到低云族各种具有水平层状云底的云体中，如卷云、卷积云、高层云、高积云、层积云、积雨。悬球状积雨云是悬球状云中最容易见到，也最为醒目的。

从云底向下垂挂，好似破碎幕布样的灰暗丝絮状云体，称为幡状云或降水线迹云。它们都是云体中水汽凝结发生降水的表现，不同的是幡状云在到达地面前就蒸发消失了，而降水线迹云则从云底一直连接到地面。从中云族的高层云、雨层云到低云族的积云、层云、积雨，都可能出现幡状云和降水线迹云；高云族的卷积云有时会出现降水，但基本不可能到达地面，故而卷积云下会出现幡状云，却不会出现降水线迹；低云族中的层云是所有云种中高度最低的，它出现的降水基本不可能在未到达地面前被蒸发，故而层云下方常见降水线迹云，却不会出现幡状云。

□ 2.6.2 地形云

我们曾说过，云和雾的本质是相同的。暖湿气流沿山坡爬升时可以形成"上坡雾"，而高大的山峰或山脉更是会扰动气流，在一定条件下形成独特的"地形云"。帽状云、旗云就是生成于高大山峰峰顶附近的云。帽状云一般是圆盘状的，就像山峰戴上了一顶圆帽，它是气流稳定爬升越过山顶时产生的。旗云好似山峰长出了长发，随风飘动。它是当猛烈的风吹过高耸的山峰，气压在山峰后面稍为下降，而使空气中的水汽凝结形成的。在气流越过山顶之后，还可能在山脉的背风一侧形成荚状云和滚轴云。

旗云：有强风时，山顶形成的云向背风坡方向偏移，形成旗云。

帽状云：荚状云的一种形式，形如草帽，产生于山顶附近，
因气流受地形影响产生驻波而形成。

□ 2.6.3 高层大气中的云

对流层顶的逆温像看不见的天花板一样阻挡着水汽的上升，所以常见的十云属的云都是分布在对流层中的。然而，在更高层的大气中并非完全没有云的存在——在平流层大气中有流光溢彩的贝母云；在 50000 米到 80000 米高的中间层大气中，还有神秘的夜光云。

贝母云又叫极地平流层云。从名字中不难看出，这种云形成于冬季极地上空的平流层中，只有在高纬度地区才能观察到。贝母云的形成温度一般低于 −85℃，这个时候的云主要是由冰晶构成的。当太阳落下地平线后不久，低空已经变暗，但高空仍有阳光直射。这时阳光经过冰晶发生衍射和干涉，出现绚丽的虹彩，就像珠母贝一样。这也是贝母云（也译为珠母云）名字的由来。

夜光云又叫极地中间层云。夜光云一般出现在极地夏季的黄昏或夜晚，但高纬度（超过 66° 34′）极地区域夏季会出现极昼现象，明亮的天空不利于观察夜光云，所以观赏夜光云的最佳位置为南、北半球的 50° ~ 65° 纬度带，时间为所在半球的夏至日前后。夜光云也是由极小的冰晶构成的。当太阳下山后，天空黯淡下来，丝缕状的夜光云在天幕上发出亮蓝或银灰色的光芒，美丽而又神秘。

$\dfrac{1}{2}$

1 贝母云：图片下部暗沉，已经入夜，但高空
　却流光溢彩，如珠母贝一样。
2 夜光云：极地夏季入夜后很久，高空依然可
　见蓝色或银灰色光芒，在夜空中十分醒目。

□ 2.6.4 人为云

云不仅是自然的产物，人类活动也能在大气中"制造"出云。

最常见的人为云是航迹云，它是飞机等飞行器的发动机喷出的水蒸气遇冷形成的冰晶云，《国际云图》把它称为"人为性卷云"。飞机刚刚飞过时，航迹云通常呈一条细线，过一会儿就渐渐弥散乃至消失。如果高空有强风且与航迹大角度相交，航迹云还会顺风向呈毛刷状，与自然形成的毛卷云相像，这时的航迹云又可称为"人为性毛卷云"。航迹云在天空中不难分辨，因为它们最大的特征是非常的直，尤其是新形成的航迹云，又直又细，像是有人用粉笔画在天空中的直线。

拍摄者：刘从康

航迹云：飞机飞过留下的"白色直线"，一般为卷云，飞机刚飞过时很细，随着时间推移，因云的扩散而变宽。

能人为造云的，除了天上的飞机，还有地面工厂或海上船舶的烟囱和锅炉。热电厂的冷却塔常向大气中排出大量水蒸气，这些水蒸气遇冷形成的云以低云为主，大部分是积云。这些积云的名称一般是在前面加上"人为性"这一限定，如"人为性淡积云""人为性中积云"等。

耗散尾迹: 飞机飞过薄云时切出来的一条缝，一般认为形成原因有两种: 飞机飞过时产生的热气和湍流，使云滴蒸发; 飞机尾气中有冰核，使云滴增长下落。

$$\frac{1}{2}$$
$$3$$

1　火成性积雨云：森林火灾、野火、火山喷发引发对流可形成积状云，可依云的形态，在前面加上"火成性"即可。

2　人为性浓积云：火力发电厂的烟囱排放的热气流，上升形成积状云，从其垂直发展程度可判断为人为性浓积云。

3　人为性中积云：烟囱排放的热气流，所形成的云具有中积云的特征（云顶有芽状凸起），判断为人为性中积云。

第3章

天空的表情

TIANKONG DE BIAOQING

第1节　积云：晴朗的天空

　　蓝蓝的天空上，飘着一朵朵棉团一样雪白的积云。这是在令人愉快的晴朗天气里，我们最常见到的画面。

　　积云是卢克·霍华德最早注意到的云的三种基本形态之一。积云的拉丁文原意是"堆"，顾名思义这种云的形状类似土堆或者草垛，它们一般有一个平的带有阴影的底部，顶部形状类似塔、花椰菜或者棉花糖。积云之所以呈现这样的形状与它们的形成原因密不可分。

　　所有的积云都与对流密切相关。那么，什么是对流？如果你正在烧水做饭，不妨观察一下锅里咕嘟嘟冒起的水泡，这就是一种对流现象。烧水时锅底的水受热快于水面，水蒸发产生的气泡在浮力的作用下不断上升。和水一样，空气也是一种流体，底部受热后也会产生类似的对流运动。在大气底部的对流层中，空气主要是靠地面反射的热量升温的。越靠近地面，空气受地表加热越明显。因为地表的不均匀性，不同地方近地层空气受热是不均匀的。水泥地上空的空气就比相邻的草地上的空气受热明显得多，温度也更高。温度高的空气，相对周围温度低的空气密度小，就会产生上升运动；同时，周围较冷的空气则产生补偿性下沉运动，这就是大气中的对流现象。

积云与对流示意图（黑色箭头代表气流，箭头长度代表气流强度。）

抬升凝结高度

从左至右依次为淡积云、中积云、浓积云、积雨云

温暖潮湿的空气团在上升过程中，温度会逐渐下降。当温度降到某一高度的露点温度（露点温度是指水蒸气马上要凝结时的临界温度）时，气团中的水汽会达到饱和（对应的高度称为"抬升凝结高度"）而凝结成小液滴，这就在空中形成了云。对于一个水蒸气含量均匀的空气团，各部分的抬升凝结高度自然是一样的。也就是说，气团中的水汽会在同一高度开始凝结，这也是为什么积云通常会有一个平整的云底的原因。

那么，为什么积云有弧状的云顶呢？这是因为云团在上升的过程中会受到向下的摩擦力作用；同时，上升云团的边界还会卷夹进来环境中的干冷空气，从而稀释云团边界附近的水汽，使一部分已经凝结了的水滴又重新蒸发而吸热降温，减小了云块边界处的浮力，进一步减弱了上升速度。这

拍摄者：杨彬

拍摄者：马波

1 积云和积雨云：地平线处的巨大云墙由系列积云和积雨云组成，它们共同构成风暴云。云顶变平且出现纤维结构的是积雨云，云顶仍保持花椰菜特征的是积云，按发展程度分淡积云、中积云和浓积云。

2 浓积云：庞大的云体，云顶已开始向水平方向延展形成云砧。

些原因都使得云团周边部分的上升运动相对中心区域要弱一些，造成了积云顶部弧形的云顶。

　　每一块积云都标志着一条上升的高耸气柱的顶点，就像一位隐形的巨人头戴着雪白的假发。淡积云和中积云是巨人心情平静愉悦的象征。当棉团样的淡积云、中积云变成高耸的浓积云时，就表示这位巨人的心情开始躁动，有了变成"暴君"的可能。

第2节　层云：沉闷而阴郁

　　被层云遮盖的天空朦胧而灰暗，它既不像晴朗天空中的积云那样令人愉悦，也不像积雨云那样令人兴奋甚至恐惧。特别是当你长时间被连绵不断的雾状层云完全笼罩的时候，你可能会沮丧地觉得世界是如此灰暗而压抑，忘记了这其实是层云的"功劳"。

　　层云也是比较容易识别的云的一种基本形态。从名字上面不难看出，它的水平宽幅要远大于垂直厚度。层云的形成方式与积云、积雨云等对流云完全不同。要形成宽广的层云需要大范围的空气缓慢抬升运动。只有这样，才能使面积相当广阔的空气中的水汽差不多同时达到饱和，从而发生凝结形成层云。

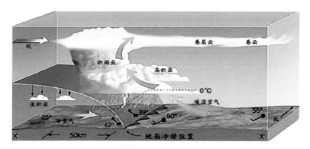

冷锋云系示意图

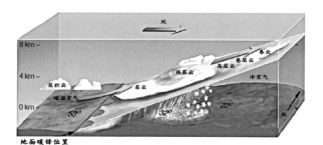

暖锋云系示意图

大气中是否存在大范围缓慢抬升运动呢？答案是肯定的。在广大的中纬度地区，常见一种气象现象，叫做锋面。锋面是冷、暖气团之间交界面和过渡带。在这里，冷、暖气团汇合挤压，可以产生大范围的缓慢抬升运动。参与形成锋面的气团，水平范围可以达几百甚至上千公里。按照移动的方向，锋面可以分为：冷锋、暖锋、准静止锋和锢囚锋。当冷气团推动暖气团移动时称为冷锋，反之则为暖锋；如果冷、暖气团势均力敌、僵持不下时则形成准静止锋；如果是一条冷锋追上了前方的暖锋，则形成锢囚锋。

不论是冷锋还是暖锋，因为冷气团的密度比暖气团大，所以冷气团总是在下，暖气团总是在上。对于冷锋而言，冷气团在下部顶着上部的暖气团走；而对于暖锋，暖气团则在上部一边推着下面的冷气团走，一边沿锋面爬升。暖锋的移动速度一般比冷锋慢，锋面的坡度也比冷锋小。移动缓慢的暖锋会使大范围的暖湿气团沿锋面缓慢抬升形成大面积的层云；而冷锋则会在锋线（锋面和地面的交线）后部形成大范围的雨层云；移动速度较快的冷锋，还会产生积云、积雨云。

锋面并不是形成层云的唯一方式。发展旺盛的积雨云老化后会向层状云蜕变；夜间空气因辐射冷却温度降到露点以下使得水汽凝结，或接地的雾被上升气团抬升起来，也会形成层云。但不论是哪种原因形成的层云，当它们笼罩天空时，都是"空气之海"风平浪静，没有明显对流运动的象征。

第3节 卷云：隐秘的前兆

卷云轻薄闪亮，身居 7000 多米的高空，是所有云中看起来最为淡定、飘逸的一种。然而，地面上摧屋拔树的 10 级狂风，风速不过 90 到 100 千米每小时；卷云所在的对流层顶层，却常年呼啸着风速超过 200 千米每小时的疾风。飘逸的卷云，绝不像看起来那样淡然、平静。

很多人听过这样一句谚语："天上钩钩云，地下雨淋淋。"意思是说当天上出现钩卷云的时候，未来短则几小时、长则一两天内，可能会有降雨天气。气象谚语是人们在长期生产生活中总结出的经验，能揭示一定的规律，却不能解释背后的原因。1851 年英国气象学家格莱舍在英国皇家博览会上展出了第一张利用电报收集的各地气象资料绘制的地面天气图。到了 20 世纪 20 年代，高空探测技术的出现使气象学家可以绘制不同高度的天气图。随着气象观测技术的进步，气旋、锋面、长波槽／脊等许多天气系统被气象学家们所认识，其中对锋面结构的认识使气象学家明白了卷云与坏天气之间的联系。

锋面是冷暖气团之间的交界面。这个交界面通常都不是直上直下的，而是随着高度增加逐渐向冷气团一侧倾斜的。冷空气因为密度大处于下方，暖空气则沿斜坡向上爬升。其

拍摄者：刘从康

拍摄者：冯文杰

$\dfrac{1}{2}$

1 钩卷云：云体
   白色，云丝平
   行排列，一头
   呈钩状；图上
   方有卷积云。
2 卷积云：图中
   密集成群的小
   云 块 为 卷 积
   云；云层较厚
   处为密卷云。

中的水汽在爬升过程中逐渐凝结或凝华形成不同高度的云。如以暖锋云系为例，由低到高一般依次会形成层云、雨层云、高层云、卷层云和卷云。卷云的位置是最高的，它里面的冰晶在下落过程中，碰到下层的风向和风速与上层差别较大的情况，就会形成一个钩状拖尾，也就是所谓的"钩钩云"。高空出现大量钩卷云，预示着在地面附近有锋面即将过境。锋面常带来阴雨天气，这就是为什么谚语中把卷云当成坏天气征兆的原因。卷层云和钩卷云一样，都是通常由锋面形成的高云族云种，同样预示着可能有锋面过境。日晕和月晕是卷层云特有的光学现象，这是"日晕三更雨，月晕午时风"这样的气象谚语背后的科学原因。

　　"天上钩钩云，地下雨淋淋"，这样的谚语虽然有些许预测天气的作用，但却不一定有多高的"准头儿"。这是因为：一方面，锋面是一个长达上千公里的天气系统，看到卷云的地方未必就是未来发生风雨的地方；另一方面，锋面在移动过程中是不断变化的，有可能愈来愈强，也可能减弱消失。

　　如果卷云出现在蔚蓝的天空，且没有开始蔓延，那么晴朗的天气会持续一段时间；如果卷云开始增厚、扩展，这意味着暖锋正推动潮湿的空气前进，会导致天气变坏。"钩钩云"给出了一个隐秘的预兆，但之后来临的，也可能是晴朗的天气。

第4节 积雨云：万云之王

在我们通常看到的云中，积云无疑是最能给人以"治愈"和遐想的。而积雨云所展示的，则更多是自然的宏大和威严。

积雨云的形状通常像一座巨大的高塔，底部直径数千米，从离地面五六百米的高度直插 18000 米以上的对流层顶。不同于悠闲的淡积云和阴郁的雨层云，积雨云是活跃的，通常伴随着暴雨、大风，甚至电闪雷鸣，可以爆发出 10 倍于广岛原子弹爆炸的能量。积雨云，是名副其实的"万云之王"。

积雨云的形成需要一些条件。首先，要有足够的暖湿空气作为积雨云生长的"土壤"。积雨云是大气强烈对流的象征。在它的核心区域，上升气流的速度可以高达 40 至 110 千米每小时。维持这种强烈的上升气流，需要周围有足够的暖湿空气不断汇入。这些补充进积雨云核心的暖湿空气在上升过程中，水汽凝结成水滴放出大量热能，是积雨云直冲对流层顶的重要动力。其次，云体附近强劲的对流层风，是积雨云得以"生存"的条件。积雨云的中心是上升气流最为强劲的区域，同时也是降雨最为明显的地方。雨水穿过云层，在下降过程中会部分蒸发，吸收热量而使周围空气的温度下降。如果云体垂直生长，下降的雨水就会裹挟着变冷的空气，与上升气流迎面相撞，相互抵消而使云很快消散。只有处于随高度增强的对流层风中，云体倾斜生长时，下降的雨水和冷空气才能避开上升气流，使积雨云得以继续生长。总之，积雨云是大气动荡不安的标志。当你在天边看到一座巨大的积雨云云塔离你越来越近，你最好开始找地方躲避——一场雷暴可能正在袭来。

故事里的神仙驾着云朵来往于天空，这种叫人不禁想要坐卧其上的，只能是中积云或淡积云。面对积雨云，你只会觉得它如同一座巨大而神秘的空中之城。城中隐藏着怎样的秘密？你可能想不到的是，还真的曾有人亲身"探访"。

1959 年 7 月 26 日，美国海军飞行员威廉·兰金驾驶一架单引擎超音速战斗机从马萨诸塞州韦茅斯海军航空基地起飞，执行一项飞往北卡罗来纳州博福特基地的任务。起飞前，基地气象员曾告知兰金途中可能会遇到雷阵雨，雨云高度估计在 9000 ~ 12000 米。作为一名曾经参加二战、经验丰富的战斗机飞行员，兰金完全相信，他可以轻松越过这样的雨云。

起飞 40 分钟后，兰金发现了前方的积雨云。云顶高约 14000 米。兰金把飞机拉升至 15000 米，来到汹涌翻滚的云塔上空。突然，飞机的引擎发出刺耳的撞击声，仪表盘上的转速表瞬间归零，刺眼的警报灯闪起，飞机引擎突然熄火了。失去控制的飞机向下坠落，是坐以待毙还是冒险一搏？兰金拉动了弹射座椅的手柄。下午 6 点整，兰金弹出了驾驶舱，开始向云中坠落。

兰金从机舱弹出的高度，温度接近 −50℃，空气压力不到地面的三分之一。他的耳朵、鼻子、嘴巴都开始流血，腹部胀大。所幸他的飞行服头盔有氧气供应，他仍能保持神志清醒。

正常情况下，兰金应该在弹射后 8 ～ 10 分钟内落地。但是，他落入了身下剧烈暴动的积雨云中。在雷声和闪电里，兰金被强烈的上升气流反复上抛、下坠——雨滴正是在这样的上升和下降过程中变成了冰雹。40 分钟后，兰金奇迹般地降落在一片树林里，四肢完好。他蹒跚地走出树林，拦下了一辆过路的汽车，被送进了医院。

云中之王不喜欢独来独往，它通常置身于一系列处于不同发展阶段的雨层云、积云、浓积云中，伴随着强风、暴雨、雷电、冰雹，覆盖方圆几十甚至上百千米的地区。这一系列由统一环流组织在一起的云系又被称为风暴云。风暴云并非十属云中的任何一种，而是许多云属或者云种组合在一起的总称，我们通常很难看清它们的全貌。

第5节 云与天气

什么是天气？是温度、湿度、气压，还是晴空万里、阴雨密布、大雨滂沱？

我们生活在 6000 兆吨大气的底部，然而空气本身是不可见的；在 16、17 世纪温度计、气压计等科学仪器发明之前，气温、气压、湿度等，也是看不见、摸不着的。我们感受到的天气，不论是晴朗还是阴雨、是大风还是暴雪，都离不开云。云不仅是天气的预兆；云，就是天气本身。

3.5.1 看云识天气

"看云识天气"是很多人熟悉的一句话，看云是否真的可以识天气呢？

如果"识"是指"认识"的话，答案自然是肯定的。看见天空乌云密布，我们知道是遇上了阴雨天；看见蓝天中飘着几朵棉花糖样的白云，这自然是个晴朗的好天。不过，如果把"识"当成"预测"的意思，那可就不好说了。就像我们前面谈到过的"天上钩钩云，地下雨淋淋"：高空中出现的卷云，未来既可能变成雨层云、积雨云等带来降雨；也可能悄然消散，让天空变得更加晴朗。

19 世纪以后，随着科学技术手段的发展，气象预报的

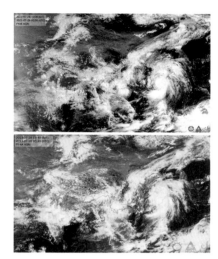

卫星云图

水平越来越高，"看云识天气"的气象谚语早已不再作为天气预报的依据。那么，云是否还是预报天气的依据呢？当然是的。现在的气象工作者仍旧在"看云识天气"，不过更多是利用气象雷达、卫星等设备来"看"罢了。

其实，我们普通人也是可以通过雷达和卫星"看云"的。中央气象台、国家卫星气象中心等机构的网站和公众号上，都有向公众提供的全国各地卫星云图、雷达回波图等信息。读懂这些信息，我们自己也可以对短时间内的天气变化做出准确的预测。只不过学会这种技能，还是要下一番工夫学习的哟！

□ 3.5.2 云对天气的影响

云不仅是天气的标志，还会给天气、甚至气候的变化造成影响。

云可以遮挡太阳，起到降温的作用。当你行走在骄阳似火的户外，如果一片厚厚的云朵飘来遮住了阳光，瞬间就会让你对云的这种作用有深刻的体会。

云能产生这种降温效应，主要是因为对太阳短波辐射的反射。我们知道，物体温度越高，发射辐射的波长就越短。太阳表面的温度约有 6000℃，它辐射的能量主要集中在短波波段。云滴的大小使得它们对反射短波辐射非常有效。云层将本应到达地表的太阳辐射反射回太空，云层越厚，反射越多，这样就对地面起到了降温的效果。

降温的同时，云还有保温的作用。多云的天气里昼间高温不会太高，夜间低温也不会太低。这是因为地表和大气被日光加热后，又会以长波辐射的形式放出能量。云层能够阻挡来自下方的长波辐射，吸收这些辐射的能量"加热"自身。温度升高的云层又向地面放出长波辐射，减缓地面夜间温度的下降。2001 年，"9·11"恐怖袭击事件后，全美国境内的商业飞行停止三天。这三天内，原本持续笼罩在美国天空中的航迹云消失了。在"更干净"的天空下，这几天内日最高气温和最低气温的差值，增加了 1.1℃。

总体来看，云层的降温作用要大于保温的作用。大量云层的总体效益是使得被遮盖的区域温度降低，这种效果又被称为"阳伞效应"。

3.5.3 人工影响天气

2008 年 8 月 8 日晚 8 时整，第 29 届夏季奥林匹克运动会在北京开幕。9 万多名观众齐聚国家体育场（鸟巢），等待着精彩的运动员入场和开幕式表演。如果，这时候一场大雨突来，把大家浇个透心凉，那该怎么办？

实际上，每年的 7 月下半月至 8 月上半月，所谓"七下八上"的时候，正是我国华北地区的雨季。8 月 8 日开幕式当天的好天气，是"老天爷"眷顾的好运气吗？

2008 年 8 月 11 日《中国气象报》发表的一篇纪实报道可以告诉我们答案。原来，2008 年 8 月 8 日上午 7 点 20 分，河套地区就形成了降水云系，并一边加强一边向北京移动，这立刻引起了有关部门的极大关注。下午 1 点，雷达探测到云系已移动到北京西面；2 点 15 分，北京市人工影响天气办公室下达人工消雨实战保障指令；2 点 45 分至 4 点 25 分，派出两架飞机执行云物理探测任务，另外两架飞机对北京西北部和西部播撒催化剂进行消减雨工作；4 点，北京市人工影响天气指挥中心开始组织火箭拦截，4 点 8 分至 18 分，共发射火箭 60 枚；晚 7 点至 10 点 42 分，根据降水云系的发展和演变情况又进行了若干轮密集的地面火箭人工消雨作业。2008 年北京奥运会开幕式能够完美地呈现给世人，气象部门在背后默默地做出了很大贡献。

□ 3.5.4 人工增雨

目前，人工影响天气的工作主要有人工增雨（雪）、消雹、消雾、消云、人工触发闪电等。我们国家总体上还是贫水的，增雨（雪）是人工影响天气的主要内容。

降雨是云滴增长变大，下落到地面的过程。

我们知道，云，其实就是聚集在天空中的微小液态水滴——云滴。云滴的半径一般在 10 微米～50 微米之间，而从天空中落下的雨滴半径则在 1000 微米以上。云滴必须"长大"20 到 100 倍，才能变成雨滴落下。大部分云直到消散也不会形成降水，可见云滴的长大并不容易。

气象学家发现，自然界中垂直发展较高的云中通常存在冰晶，处于气、液、固三相共存的状态。而云中的冰晶则能吸附周围的云滴而向雨滴转变。那些直到消散也不能形成降水的云，大多是因为云中缺少冰晶。

1946 年美国科学家雪佛尔（Vincent Schaefer, 1906—1993）在实验室里发现干冰（也就是固体二氧化碳）可以作为制冷剂产生大量冰晶。当年的 11 月份，他进行了飞机播撒干冰的试验，取得了成功，证明了干冰可以用于人工增雨（雪）。同样在 1946 年，另一位美国科学家冯纳格特（Bernard Vonnegut，1914—1997）发现碘化银颗粒是很好的人工冰核，并在 1948 年进行了飞机播撒碘化银试验，在 1950 年又进行了地面释放碘化银试验，这些试验都获得了成功，证明了碘化银可以用于人工增雨（雪）。

人工增雨地面作业车与火箭

　　科学技术的进步使得我们可以"人工影响天气"——而非随心所欲地人为控制天气；同样，通过技术手段我们可以"人工增雨"，而非凭空"造雨"。科学还远没有到可以对自然为所欲为的程度。自然界中，一次风暴凝结的水量有千万吨以上。云中的水汽凝结成云滴时会放出潜热。每1千克水凝结释放的潜热约为250万焦耳，1千万吨水汽凝结释放的潜热则为2.5万兆焦耳。1公斤标准煤完全燃烧释放的热量约为7000千卡，2.5万兆焦耳大约相当于85万吨标准煤完全燃烧释放的能量。人类想要改变如此巨大的能量走向是不可能的。所谓人工影响天气，只是在适当的条件，于可降可不降雨之间施加人为"推动"，有限度地改变降雨的落区或者时机罢了。

　　广袤的天空仍旧是自然之力，而非人类技术的舞台。

后　记

　　2021 年 8 月的一天，接到我们学校，也就是中国地质大学（武汉）科学技术发展院汪潇老师的信息，说武汉出版社请她推荐一位大气科学专业的老师写一本关于"云"的科普图书，让我问问是否有老师感兴趣。也不知道哪里来的冲动，毫无科普写作经验的我竟然毛遂自荐。

　　现在想想，这份冲动，一方面来自对科普工作的好奇。科普写作和学术论文写作有何不同体验？它真能化解公众对某一学科的误解吗？我想，人们从事科普创作的动力中应该有让别人理解自己所从事专业的需求吧。记得刚上大学那会儿，每当有亲戚朋友听说我学的是大气科学专业，都要问上一句："你给预报一下明天下不下雨。"仿佛学了这个专业，只要抬头看看天，就能预报出明天的天气一样。每次我都涨红了脸解释："预报天气没有那么简单，需要看天气图，还有探空数据……"对于这种天气预报就是看云识天气的误会，希望本书中第 3 章第 5 节中的内容能够进行部分化解。

　　之所以接下这个任务，还源于我对观察周边事物的兴趣。我发现，不论身处何地，随时观察身边的事物总是一件令人愉悦的事儿。哪栋楼前种的是月季，哪栋楼前种的是紫薇，池塘里哪只乌龟不怕人，哪种鸟儿会跟踪人要面包，哪片草丛里有只爱对着玻璃幕墙照镜子的锦鸡……这些都为我单调的日常生活增添了不少乐趣。试想，还有什么比云更适合做日常观察的对象呢？又碰巧属于自己所学专业的范围，为什么不试试呢？

对于一个喜欢观察身边事物的人来说，云绝对是一个很好的观察对象。它们姿态万千，颜色又变幻莫测，除了高压控制下短暂的晴空万里之外，它们几乎随时随地都抬头可见。萌萌哒的淡积云、湿漉漉的雨层云、清爽的高积云、飘逸的卷云、威严的积雨云……总能在埋头工作之余给你带来片刻的惊喜，放松你眼部神经的同时也放松了你的心情。现在，每天早上伸出脑袋看看窗外天空中飘浮的是什么云已经成了我的习惯；上下班的路上，经常会把车停在路边，拿起手机拍摄天空中的云；有时正在家中看电视，突然发现外面风云变幻，立马带上相机冲向 33 层的顶楼。观察和拍摄云成了我的新乐趣。

虽然在大学课堂上学过识云，但系统地对云进行归类还是一件费工夫的事儿。有时候对着一张云的照片，会犹豫上半天：到底属于高积云，还是卷积云呢？好像比高积云的元素小，又比卷积云的元素大。这时，恨不得手里有个激光云高仪，测测云底高度到底在 6 千米之上，还是之下，或是放一只探空气球上去，看看湿层到底在什么高度。我发现，即便你算是某个领域的专业人员，写书的过程依然让你收获满满，它让你对自己所学知识重新审视和整理，这倒是和教师在准备教学材料中的收获有异曲同工之妙。

科普写作远比我想象中难。面对一个题目，该从什么角度写，常常不得其法。比如，书中开头处写"大气总重近6000兆吨，约等于1/6个印度洋海水的重量"，这个角度是我不曾想到的。原始的写法是"1平方米面积上的大气重量相当于76厘米水银柱或者10.3米水柱的重量"，很像物理课本不是吗？改成现在的写法，形象了许多，这得益于本书刘从康编辑长期从事科普图书出版和创作的经验。类似之处有很多。

本书的前两稿分了八章之多，经过与刘编辑的讨论，到第三稿合并整理为现在的三章结构。不过，三章的标题分别是"云的产生""认识云""云与天气"，远没有现在的标题有意境。另外，每一章内的小节安排也经过了多次调整，比如，增加了大气成分的内容（1.1.1节）、梳理了云分类体系的发展历程（2.1.2节）、增加了附属云和附属特征（2.6.1节）；合并了第二、三章中的多个小节；去掉了人工影响天气中（3.5.3节）关于云内微物理过程的内容。总之，虽然是本小书，修改过程也是颇费了一番工夫，这中间有编辑很大的付出。

云的种、变种、附属云和附属特征有几百种组合，本书中的配图难以做到全面，仅能保证每个云属都有至少3张照片。这里要感谢荆现文、吴彦、潘军强、安琪、马波、李辛、冯文杰、马炎钧、杨彬、倪云等朋友协助提供照片。第一次从事科普写作，书中难免有疏漏之处，希望读者批评指正。

赵树云

2023年9月2日